Baum und Mensch

von Kurt Hoffmann

Baum und Mensch

Vom Wesen eines Baumes und der Pflicht des Menschen

Von

Kurt Hoffmann

Verlag Friederichsen, de Gruyter & Co., Hamburg

1941

Druck: Graphische Betriebe Niemann & Moschinski, Hamburg 23

Meinem verehrten Ratgeber, Helfer und Mitkämpfer,

Herrn Universitätsprofessor

Dr. Hans Schmalfuß

in herzlicher Ergebenheit gewidmet.

Inhalt

Vorwort

Ehrfurcht vor dem Baume ist Merkmal urdeutscher Wesensart. Schoenichen*.

Die vorliegende Arbeit möchte eine Lücke ausfüllen, die in unserem Denken über die Bäume noch offensteht. Unser angeborenes Gefühl für die Würde eines Baumes macht eine verstandesmäßige Untersuchung ihrer Gründe nicht entbehrlich. Die Schönheit und Empfindungstiefe, an der unser deutsches Schrifttum über Bäume so reich ist, bringt keine grundsätzliche Klärung. Baumverherrlichung, die mehr sein und mehr erkennen lassen soll als schöngeistiges Liebhabertum, darf nicht das Entscheidende verschleiert lassen, nämlich die nicht von Menschen angedichtete, sondern im Baumwesen selbst begründete, ureigene Weihe eines Baumes.

Daher soll hier einmal ohne Umschreibung gesagt und gezeigt werden, daß und warum ein Baum nicht nur Landschaftszierde und Überlieferungsmal ist, sondern selbständiger Träger eines eigenen geistigen Wertes. Für uns Menschen wird er damit erkennbar als Gegenstand einer allgemeingültigen sittlichen Pflicht,

* Im Geleitwort zu: Marie Jaedicke, „Der Baum im Lied". Vgl. auch „Naturschutz" Jahrgg. 14, S. 24.

und nicht nur einer wahlfreien Liebhaberei. Solche Erkenntnis möge eine Baumverbundenheit fördern, die unserem neuzeitlichen Wissen ebenso entspricht wie der zeitlos deutschen Empfänglichkeit für Erhabenes.

Eine deutende Baumkunde muß sich auch schon im Ausdruck zu der Besonderheit bekennen, daß jeder Einzelbaum selbständig gültig und um seiner selbst willen von uns zu würdigen ist. Hier sprechen wir daher unmittelbar einzelmäßig vom Wesen „eines" Baumes, nicht nur oberbegrifflich „des" Baumes.

Beim Sichten und Niederlegen meiner Gedanken erhielt ich wertvolle Anregungen und Hinweise. Hierfür danke ich aufrichtig Herrn Nervenarzt Dr. Walter Frederking, dem Landesbeauftragten für Naturschutz Herrn Fritz Döhling und Herrn Architekt Dr. Hellmut Mebes, sämtlich in Hamburg. Mein besonderer Dank aber gebührt Herrn Professor Dr. Hans Schmalfuß in Hamburg, der mir als stets hilfsbereiter Förderer und Ratgeber zur Seite stand und am Zustandekommen dieser Arbeit in der vorliegenden Form wesentlichen Anteil hat. Hierbei möchte ich etwas hervorheben, was nicht jedem Leser ohne weiteres klar sein wird und auch von mir früher unterschätzt wurde: Die Beratung in sprachlicher Hinsicht. Es handelt sich da nicht allein um die sprachliche Reinheit, sondern fast mehr noch um die sachliche Klarheit. Wir beachten viel zu wenig, wie oft wir ein scheinbar so treffendes Fremdwort gerade dann gebrauchen, wenn wir das Gesagte nicht ganz verantworten mögen. Die deutsche Sprache, wirklich deutsch gesprochen, läßt solches Ausweichen nicht zu.

Herrn Obersenatsrat Dr. Arvid Gutschow in Hamburg-Blankenese danke ich auch an dieser Stelle für die freundliche Überlassung des Bildes Nr. 10.

Hamburg-Altona, im März 1941.

Dr. Kurt Hoffmann

Erster Vorsitzer und Leiter der Baumkundlichen Gruppe des Naturwissenschaftlichen Vereins Hamburg-Altona e. V.

Erster Teil

Vom Wesen eines Baumes

Grundgedanken

> Wie wir manchmal den Wald vor lauter Bäumen nicht sehen, so sehen wir nur allzu oft den Baum nicht mehr vor lauter Wald.
>
> Otto Feucht[1].

Irgendein Ahnen davon, daß es mit Bäumen eine besondere Bewandtnis haben müsse, finden wir wohl bei allen Völkern. Es darf als Bestandteil ursprünglicher Weltweisheit betrachtet werden. Als ein Beispiel aus ferner Zeit und Landschaft sei der 104. Psalm erwähnt. Dort wird die besondere Gottverbundenheit von Bäumen dadurch bezeichnet, daß bei der Aufzählung verschiedener Geschöpfe allein die Libanonzedern den Zusatz erhalten: „die Bäume des Herrn, die er gepflanzt hat", die also nicht nur wie andere Lebewesen von Gott erschaffen, sondern noch auf ihre eigene Weise mit ihm verbunden sind und nach seinem besonderen Willen an ihrem Platze stehen. Während aber andere Völker mit solcher Weisheit nur wenig zu beginnen wußten, hat das deutsche sie stets beachtet und, was mehr ist, auch tätig befolgt. Über dem berechtigten Stolz auf die bekannte Einstellung unserer Vorfahren dürfen wir

[1] „Bäume in der Landschaft", S. 5. Ebenso: Jost, „Baum und Wald", S. 145; Klein, „Bemerkenswerte Bäume im Großherzogtum Baden", S. IX; Schnack in: „Das kleine Baumbuch", S. 40 f.

nicht vergessen, daß Baumverbundenheit keine altgermanische Angelegenheit ist, sondern eine schlechtweg deutsche, solange die deutsche Seele noch nicht vergreist oder entartet ist. Ernst Moritz Arndt forderte, daß „dem teutschen Menschen niemals Bäume fehlen"[2]. Der Freiherr vom Stein umarmte die Bäume seines Parks wie menschlich fühlende Wesen[3]. Zu Bismarck gehört die Liebe zu seinen Bäumen. Der Volksglaube weiß von „heiligen" Bäumen, in deren Nähe das Fluchen verboten ist. Die schöne Sitte, bei einer Geburt oder einer Hochzeit einen Baum zu pflanzen, lebt gerade heute vielerorten von neuem auf. Otto Ernst nennt die Bäume „des Schöpfers göttlichste Kinder", und Rudolf Hans Bartsch schreibt: „Wenn man eine ganz freie, eine ganz stille und erhabene Stunde hat, oder wenn man in seiner Not beten möchte und seinen Glauben verloren hat, dann soll man unter Bäume gehen."

Wenn dennoch die Umkehrung der bekannten Redewendung wahr ist und wir „nur allzu oft den Baum nicht mehr vor lauter Wald" sehen, so liegt das vor allem an der grundsätzlichen Schwierigkeit, aus der Vielfalt der Erscheinungen die wirklich gültige Einheit herauszufinden. Die Folgen sind auch auf unserem Sondergebiete nicht ausgeblieben. Schon vom Standpunkte der Rohstofferzeugung aus hat unsere Forstwirtschaft den Versuch, die Einzelleistungen der Bäume zum Massen-

---

[2] „Naturschutz", Jgg. 18, S. 242 f. (Nießen).
[3] Ebenda Jgg. 16, S. 196 (Knust).

ertrag eines „Holzackers" (Feucht[4]) zu verfälschen, als verhängnisvoll erkannt, leider erst nach schweren Verlusten durch Sturm- und Schädlingsverheerungen. Fragen wir aber nach der gedanklichen Seite der Sache, so brauchen wir nur einen „Überhälter" zu betrachten, der im gepferchten Bestande erwuchs und durch Kahlhieb nachträglich freigestellt wurde: das bedauernswerte Zerrbild einer frei erwachsenen Baumgestalt, das wir da erblicken, sagt genug.

In dieser Arbeit soll nun die natürliche und gedankliche Berufung eines Baumes zur gültigen Einheit gezeigt werden. Wir wollen die naturgeschichtlichen Umstände erörtern, durch die ein Baum als Einzelgeschöpf einzigartig bevorzugt ist, und dann den geistigen Gehalt seines einsamen Lebens als etwas erkennen, was seinen Einklang in sich selbst trägt und daher ohne weitere Maßgabe, insbesondere ohne Rücksicht auf einen natürlichen Geschehenszweck, gedankengültig ist. Dieses in sich selbst sinnvolle Leben soll uns die ganze Erhabenheit seines Trägers offenbaren.

Den Gedanken, einen Baum als Vorbild für uns zu betrachten, lehnen wir als verfehlt und vermessen ab. Aus der Gegensätzlichkeit zwischen Baum und Mensch wollen wir die rechte Einstellung zu einem Baume gewinnen. Dem Baum mit seiner selbständigen Einzelgeltung steht gegenüber der Mensch mit seiner einzigartigen Fähigkeit, etwas um seiner selbst willen zu würdigen und zu hegen. Die Welt bedarf, um mit Sinn erfüllt zu werden, eines Lebewesens, das

[4] „Der Wald und wir", S. 10.

durch solche zweckfreie Hege noch eine andere Wirklichkeit wahrt als den Ablauf des endlos zweckbezogenen Naturgeschehens. Hier liegt die besondere Sendung des Menschen und seine besondere Verpflichtung gegenüber dem zweckfrei vollkommenen Baum. Für uns selbst aber finden wir — nicht als Lohn, sondern als köstliche Gabe — beim Baume etwas, das kein heimliches Kleinod Einzelner bleiben sollte: Das Erlebnis, wie ein Baum die Welt für uns heimisch macht.

Einzelfreiheit und Eigenwert eines Baumes

Irdische Gebundenheit und irdische Lockerung verschwistern sich gleichsam im Dasein des Baumes. Friedrich Schnack[5].

Am liebsten würde ich mich hier auf den Vorschlag beschränken, hinauszugehen zu einem frei entfalteten Baum und kein weiteres Rüstzeug mitzubringen als eine vorbehaltlose Bereitschaft zum Schauen. Wie da vor uns der Baum sich reckt und rundet und planvoll sich gliedernd ein Ganzes fügt, offenbart er sich nämlich ohne weiteres als das „bevorzugte, erhöhte Einzelwesen" (Schnack[6]), das in seiner eigenen Ordnung einen vollendeten Sinn findet. Was uns hier entscheidend beeindruckt, ist das planvolle Gefüge als solches, nicht seine lebenskundliche Zweckmäßigkeit, die wir gar nicht zu kennen, oder sein Verhältnis zur Umgebung, das wir gar nicht zu sehen brauchen. In der Baumgestalt selbst finden wir etwas unmittelbar Einleuchtendes. So wie dieser Baum da muß etwas sein, was ursprünglich wahr, vollkommen schön und um seiner selbst willen ewig gerechtfertigt sein soll. Auf dieser Entdeckung in der Welt allseitiger Bedingtheiten be-

[5] In: „Das kleine Baumbuch", S. 61.
[6] Ebendort S. 40.

ruht offenbar auch das eigenartig Tröstliche des Baumerlebnisses, das bei weiterem Besinnen allerdings zunächst wieder getrübt wird durch die Frage, was wir Menschen mit einem solchen Wesen zu schaffen haben, — bis wir auch darauf die Antwort finden.

Ich halte es nun nicht für besonders wissenschaftlich, für eine unmittelbar einsichtige Wahrheit auch noch abgeleitete Gründe zu fordern. Eine erlebte Gewißheit durchaus „erklären" zu wollen, kann Mangel an Selbstvertrauen bezeugen. Andererseits aber muß das wirklich Echte irgendwie auch verstandesmäßig erfaßbar sein, ohne Schaden zu leiden.

Wir beginnen bei naturgeschichtlichen Tatsachen, die jeder leicht nachprüfen kann. Die hohe Lebensdauer, die überragende Größe, der einzigartige Baustoff und die unerhörte lebendige Kraft eines Baumes verraten einen besonderen naturhaushälterischen Aufwand, durch den der Baum als Einzelwesen klar bevorzugt wird. Die Größe ist nicht etwa nur im Verhältnis zum Menschen beachtlich wie vielleicht für den Frosch das Maß einer Staude. Sonstige Lebewesen mit Baumabmessungen sind längst ausgestorben, gewissermaßen als „nicht lohnend" von der Natur aufgegeben worden. Den einzigen heutigen Ausnahmen, Birntangen und Walen, ist nicht die Festigkeit gegeben, ihren Riesenkörper selbst tragen zu können, sondern sie müssen ihn vom Wasser tragen lassen[7]. Das größte heutige Landtier, der Elefant, wirkt bereits überbemessen, als ob er „nicht mehr in die Welt paßte". Dagegen

[7] Schmeil, „Lehrbuch der Zoologie", S. 156.

bedenke man, wie hoch sich schon ein mittlerer Baum emporbaut. Die Windstärke ist dort oben wesentlich größer als nahe am Erdboden. Daß ein Baum mit einigen Dutzend Metern Höhe da standhalten kann, wo andere Pflanzen mit ebensoviel Zentimetern schon Schwierigkeiten haben, verdankt er dem ihm als Baustoff vorbehaltenen Holze und der im lebenden Baum dem Holze innewohnenden Kraft, die unsere Begriffe von der Festigkeit toten Holzes weit übersteigt. Man bedenke einmal die Leistung eines lebenden Baumes, der mit allen seinen Ästen und Zweigen auch dem stärksten Sturme standhält, und dagegen die Haltbarkeit eines entsprechenden toten Holzkörpers, etwa eines Schiffsmastes, der durch Verspannungen (Wanten und Stage) gesichert und bei stärkerem Wind auch noch durch Reffen und schließlich Bergen der Segel entlastet werden muß. Oder man denke an die gewaltige Spannkraft, mit der weit ausladende waagerechte Äste, etwa bei Eichen und Buchen, frei getragen werden, oder an die Wurzeln einer sogenannten Wettertanne (freistehenden alten Fichte) im Gebirge, die, wie Finger einer Riesenfaust einen Felsen umklammernd, einen gewaltigen, reich beasteten Stamm in einer Lage halten, die fast schon an ein Schweben erinnert. Solchen Kraftaufwand läßt die Natur hier zu — um eines einzelnen Geschöpfes willen!

Die Arterhaltung wäre auch ohne diesen Aufwand denkbar. Zum Tragen der kleinen Früchte bedarf es nicht eines solchen Riesengerüstes, wobei man vom menschlich-eigennützig überzüchteten Obstbaum selbstverständlich absehen muß. Die lange Lebensdauer, die z. B. bei Schildkröten einen Ausgleich gegen die Schutzlosigkeit des einzelnen Geleges ergeben und damit der Arterhaltung dienen mag, hat bei den Bäumen sogar eher die entgegengesetzte Wirkung; denn gerade die alten und dementsprechend großen Bäume nehmen dem Nachwuchs viel Raum, ohne für die Samenerzeugung mehr zu leisten als jüngere und kleinere. Während bei anderen Lebewesen die Fortpflanzung der Hauptzweck, oft auch gleichzeitig das Ende des Lebens ist und vielfach das Leben steigert (Laichwanderungen, Eifersuchtskämpfe, Gesang, Balzspiele), und während gerade im Pflanzenreich die Blüte gewöhnlich die bauliche und lebensmäßige Krönung darstellt, erscheinen bei einem Baume Blüte und Frucht als fast nebensächliche Gebilde, die auf Gestalt und Schicksal ihres Trägers kaum Einfluß haben.

Vollkommen entfalten können sich die Eigenschaften eines Baumes nicht im Verbande mit anderen, sondern im möglichst freien Stande, in der natürlichen oder künstlichen „Parklandschaft", in Heide, Moor und Hochgebirge, wo Boden und Wetter nur wenige, starke Einzelne gedeihen lassen. Auch für den Aufbau des Nutzwaldes hat die Forstwirtschaft, wie schon oben erwähnt, hieraus lernen müssen. Es ist nun nicht etwa so, daß freistehende Bäume keinen Kampf zu bestehen hätten. Aber die Gegner sind andere als sonst: Nicht Mitgeschöpfe, sondern Naturgewalten, Wettererscheinungen verschiedener Art, darunter als stärkster und höchste Kraft erprobender Angreifer der Wind. So lebt ein freistehender Baum, wie

Flemes[8] von der Süntelbuche sagt, „allen Außengewalten trotzend, abweisend und in sich gekehrt als eigenwüchsiger Ausmünzer seiner Lebenskräfte".

*

Der natürlichen Selbstherrlichkeit eines Baumes entspricht sein gedanklicher Eigenwert. Sein einsames Leben geht auf in einem planhaften Bauen am eigenen Körper. Außenbeziehungen sind für diese Planhaftigkeit selbst nicht wesentlich. Für den Sinn der Baumgestalt kommt es weder darauf an, was sie für ihre Umgebung bedeutet, noch darauf, wie sie Fremdeinflüsse zweckmäßig nutzt (z. B. durch die Kronentraufe). Durch ihre eigene, innere Abgestimmtheit ist sie gedankengültig („sinnvoll"), nämlich so in sich selbst vollendet, daß kein Weiterdenken erforderlich ist.

Die selbständige Planhaftigkeit eines Baumes erkennen wir besonders leicht im Aufbau einer freistehenden Fichte, deren „Krone", zwischen Wurzelscheibe und Wipfelspitze gestaffelt ansteigend, eine „Spannung zwischen Grund und Gipfel" gestaltlich ausgleicht (vgl. das Titelbild, Bild 1 und die Einbandzeichnung)[9]. Das Gerüst dieser Krone ist angelegt nach der Regel eines „Stufenkreuzes" aus dem Stamme als dem tragenden Schaft und den vom Stamm aus querstrebenden, vom Grund zum Gipfel fortschreitend

---

[8] „Strom und Hügel", S. 99.

[9] Die Spannung („Polarität") zwischen „Basis" und „Spitze" ist übrigens, wie Jost („Baum und Wald", S. 27 f.) nachweist, auch rein wachstumskundlich als maßgeblicher Regler der Baumentfaltung erkennbar.

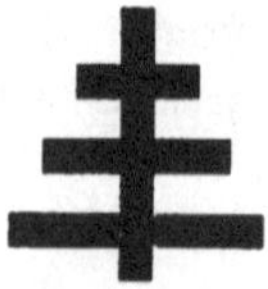

„Stufenkreuz" (Gerüstregel der Fichtenkrone)

abgestuften Ästen. Dieses Gefüge, das sich im Aufstieg zur eigenen Spitze vollendet, ist der einfachste Ausdruck des Einmalig-Endgültigen. Das ist wohl auch der tiefere Grund dafür, daß im alten Sinnbildtum immer wieder das Fichtengerüst erscheint[10]. Ein lebender Baum aber, der sich so aufbaut, ist nicht nur ein Sinnbild, sondern auch ein wirklicher Träger einmaliger Endgültigkeit.

Das raumkundliche Gebilde, das mit dem Stufenkreuzaufbau verwirklicht wird, wäre beim einfachen, nur zweiseitig ausgedehnten Stufenkreuz das gleichschenklige Dreieck; bei der wirklichen, allseitig entfalteten Fichtenkrone ist es der Kegel. Das Geheimnis dieser Gestalt können wir ahnen beim Untersuchen der Kegelschnitte; unmittelbar erleben können wir seinen Zauber, wenn wir am Stamme einer alten Einzelfichte hinauf in das Astwerk schauen, wie es sich, Stufe über Stufe vom Stamm ausstrahlend, zur Spitze emporbaut (Bild 3).

---

[10] Vgl. Helmers, „Sinnbilder alten Glaubens in ostfriesischer Volkskunst", besonders die dortigen Abb. 36 und 37, wo erdachte Laubbäume mit dem Stufenbau der Fichte dargestellt sind. Eine ausführliche Erörterung dieser Dinge bringt das Werk desselben Verfassers „Glaube als Gestaltungskraft in vorgeschichtlicher, frühgeschichtlicher und volkstümlicher Kunst", dessen Erscheinen demnächst zu erwarten ist. Wie die Ahnen auch aus wirklichen Laubbaumformen das Stufenkreuz herauslasen, zeigt in dem Werke von Detering „Die Bedeutung der Eiche seit der Vorzeit" das in dem „Sonnenrade" auf S. 136 abgebildete Eichenblatt, dessen Rippen offenbar absichtlich so hervorgehoben sind, daß sie deutlich ein Stufenkreuz erkennen lassen.

Hier kann der Mensch, der das Endgültige, selbständig Sinnvolle sucht, Blick und Gedanken bergen.

Nicht alle Bäume lassen ihren Plan so leicht erkennen wie eine gesunde Fichte. Manche möchten wir auf den ersten Blick „unregelmäßig" nennen. Bei näherem Hinschauen aber erkennen wir jeden Baum, dem keine fremden Einflüsse Gewalt antaten, als ein planhaft gefügtes Ganzes nach der Regel des Stufenkreuzes: Im Verhältnis zur Außenwelt abgeschlossen und ruhend, im Innern aufgegliedert und vom eigenen Einklang durchwirkt. Seine innere Abgestimmtheit ist letztlich dieselbe, die uns im Tonreich unter dem Namen „Harmonie" (griechisch *ἁρμόττειν* — harmottein — gleich „fügen"!) bekannt ist. Wenn man ein schönes Bauwerk aus leblosem Stoff „erstarrte Musik"[11] nennt, so ist das lebende Bauwerk eines Baumes: Atmende Musik.

[11] Vgl. Goethe, Sprüche in Prosa.

Vom Überstofflichen eines Baumes

Er kennt kein Ding, das Menschenaugen schauen;
doch ward ein ewger Plan ihm einzig kund,
daß er mit Leib und Leben mag erbauen
ein Haus des Geistes auf dem Erdengrund.

Ein Baum ist kein „Holzkristall". Seine sinnvoll-schöne Gestalt ist nicht die Erstarrungsform einer Stoffmenge, sondern die Reifeform eines lebenden Leibes. Sie ist aber auch noch viel mehr als nur dies, und sie ist daher im Leben eines Baumes weit bedeutsamer als die eigene Gestalt im Leben eines Menschen oder Tieres. Denn für einen Baum ist seine Gestalt nicht nur das Ergebnis seines Reifens, sondern auch das Feld seines Wirkens.

Bei dem Versuch, das Überstoffliche eines Baumes zu erfassen, müssen wir uns nun vor allem befreien von dem ebenso beliebten wie falschen Vorurteil, daß die Pflanze eine Vorstufe zu Tier und Mensch sei. Wir kämen sonst nicht zu einem Verständnis des Überstofflichen in der Pflanze, sondern zu einer auf Pflanzen angewandten, vereinfachten Tierseelenkunde, die hier gerade nicht am Platze ist. Betrachtungen dieser Art über Vorgänge, die an tierische Verhaltensweisen erinnern könnten, sind grundsätzlich ungeeignet, die Pflanze verständlich zu machen.

Wir fragen daher bei einem Baume nicht nach Erscheinungen, durch die er mit einem vereinfachten Tiere vergleichbar sein könnte, sondern wir betrachten das, was ihn als höchst vollkommene Pflanze zeigt: sein Wachsen[12]. Das Baumwachstum umfaßt erheblich mehr als das, was man bei Mensch und Tier unter „Wachsen" versteht. Es erschöpft sich nicht in einem bloßen Größerwerden, auch nicht in einem bloßen Auswachsen zu einer bestimmten Gestalt, sondern es erreicht eine weitere Stufe, indem es an dieser Gestalt ständig um- und neubildend weiterbaut. Dieses Weiterbauen am eigenen Leibe entspricht nicht mehr der tierischen Entwicklung, sondern der Betätigung des entwickelten Tieres. Es gehört in dem Sinne, wie v. Uexküll[13] zwei Abschnitte „Gestaltung und Leistung" unterscheidet, bereits in den zweiten Abschnitt: Es ist Gestaltung auf der Stufe der Leistung.

Betrachten wir dieses immer neu und immer planmäßig fügende Bauen, das den eigentlichen Lebensinhalt eines Baumes ausmacht, so können wir die Frage nach dem „Baumeister" hier ebenso wenig umgehen wie die Frage nach dem Urheber eines menschlichen Wirkens. Da ein Baum nicht in der Außenwelt, sondern am eigenen Leibe wirkt, können wir bei ihm allerdings nicht „Meister" und „Werk" getrennt sehen. Das berechtigt uns aber nicht, nur das „Werk" für vorhanden

[12] Wohl die erste Würdigung des Wachsens der „sich selber bauenden" Pflanze vollzieht Fechner, „Nanna oder Über das Seelenleben der Pflanzen", Inselausgabe S. 8 und 43.

[13] „Die Lebenslehre", S. 59 ff.

zu halten. Das Baumganze etwa auf die gegenseitige Beeinflussung seiner Teile zurückzuführen, hieße, „den Baum vor Ästen nicht sehen". Indem die Teile sich im Sinne des jeweiligen Ganzheitsbedarfs beeinflussen, erweisen sie sich nicht als die Urheber, sondern als die Mittel der Ganzheitsgestaltung im Dienste eines übergeordneten, einheitlichen Urhebers. Nur mit seinem Walten erklären wir wirklich befriedigend die mannigfaltigen Wachstums-„Maßnahmen", mit denen ein Baum seine Eigenform gegen entstellende Störungen immer wieder durchsetzt, und dasselbe einheitliche „Formstreben" finden wir auch hinter der gewaltigen Anspannung, mit der ein Baum seine Gestalt im Kampf gegen Sturm und Schneelast, aber auch schon im äußerlich ungestörten Tragen der eigenen Schwere aufrecht erhält (vgl. S. 23 und 60)[14].

Eine falsche Vermenschlichung wäre es, wollte man die Tatsache, daß ein Baum kein Gehirn und Nervennetz hat, vergleichen mit dem Falle, daß ein Mensch dies nicht hätte. Beim Menschen würde das einen Mangel bedeuten; denn der Mensch braucht Gehirn, Nerven und Muskeln, um seinen

[14] Entgegen Gradmann, „Alte Bäume, die in mehrere zerfallen", der das Dasein eines „Ganzheitsfaktors" bestreitet. Wenn Gradmann übrigens gegen die Ganzheit des Baumes anführen will, daß bisweilen ein alter Baum in mehrere zerfällt und umgekehrt auch mehrere zu einem verwachsen, so bezeichnet er damit nur das Geheimnis der planlichen Vereinzelung, das bei allen Lebewesen grundsätzlich dasselbe ist. Überall finden wir Spaltung und Vereinigung und müssen die daraus entstandenen neuen Einheiten ebenso anerkennen wie die alten.

Willen von einer Kernstelle zu übertragen auf Außenstellen, die seine Gedanken in der Außenwelt verwirklichen. Die Zweiteilung zwischen Planung und Ausführung im menschlichen Körper entspricht seiner grundsätzlichen Bestimmung, vom eigenen Innern her nach außen zu wirken. Ein Baum aber soll grundsätzlich im und am eigenen Leibe wirken, und daher fallen bei ihm ganz folgerichtig Planung und Ausführung örtlich zusammen. Ein Baum ist also kein Restrumpf wie ein Mensch ohne Kopf und Hände, sondern er ist in seiner Ganzheit Kopf und Hand zugleich, und wenn wir überhaupt menschliche Begriffe hierher übertragen wollen, so dürfen wir ihn nicht einfach als „hirnlos" betrachten, sondern eher als „gänzliches Gehirn". Sähen wir im Baumleben nichts weiteres als den Stoffwechsel, so wären wir genau so blind, als wenn wir von einem Denker in seiner „weltabgewandten" Vertieftheit annähmen, daß er nur noch atme. Das Baumleben erfüllt sich nun einmal nicht auf der Stufe des Verdauens, sondern auf der Stufe des Bauens, also eines Wirkens, das nach einer geistigen Ordnung geregelt ist. Hierzu bedarf der Baum als „Innenweltwesen" weder der Arbeitsteilung des menschlichen Körpers, die nur für das menschliche Außenwirken erforderlich ist, noch des menschlichen Ichbewußtseins, das in Wahrheit ein Wissen um die Spannung zwischen Ich und Außenwelt ist.

Die Frage der Wahlfreiheit darf man nicht überschätzen. Gerade das freieste menschliche Schaffen, das künstlerische, ist, je höherstehend um so mehr, gebunden an jene ewiggültigen Formgesetze, denen auch ein Baum bei seiner Selbstgestaltung folgen muß. Dadurch aber, daß ein Baum mit seinem eigenen, ganzen Leib und Leben einen vollendeten Formgedanken verkörpert, hat er als Einzelwesen teil an der Gültigkeit und Göttlichkeit dieses Gedankens. Indem wir dies erkennen, haben wir mit dem Rüstzeug heutigen Wissens und Denkens das erfaßt, was die Menschen von jeher ahnten und gefühlsmäßig anerkannten, wenn sie einen Baum als besonders gottnahe, als ein heiliges Wesen in Ehren hielten.

Ein Baum

Des Daseins Wettlauf mit den andern allen,
um Licht und Raum das endlos gleiche Spiel,
dem dieser Erde Alltagswerk verfallen,
fand längst bei ihm für alle Zeit sein Ziel.
Tief unter ihm kreist Werden und Vergehn;
er wuchs hindurch und drang zu lichtern Höhn.

Er kämpft mit Stürmen, formt aus blindem Wettern
sein rauschend Lied, er macht im Raum der Zeit
Gedanken Gottes wahr mit Stamm und Blättern,
schafft seinem Tag den Sinn der Ewigkeit:
So wahrt sich Wille gegen tote Kraft,
so löst sich Leben aus Geschehenshaft.

Er kennt kein Ding, das Menschenaugen schauen;
doch ward ein ewger Plan ihm einzig kund,
daß er mit Leib und Leben mag erbauen
ein Haus des Geistes auf dem Erdengrund;
mit des Gedankens heilgem Wert geweiht,
zum Einklang stimmend seine Einsamkeit.

Zweiter Teil

Von der Pflicht des Menschen

Vom zweckfreien Hegen

Nur allein der Mensch vermag das Unmögliche.
Goethe.

Der erste Teil dieser Arbeit ergab, daß ein Baum als Einzelwesen eigenartig frei und um seiner selbst willen gültig ist. Nunmehr fragen wir, was der Mensch mit einem solchen Wesen zu schaffen hat.

Die Antwort entnehmen wir aus der grundsätzlichen Aufgabe des Menschen in der Welt. Der Mensch ist kein „Mittelpunkt", um den alles andere zu kreisen hätte. Aus gutem Grunde gilt als höchste Leistung des Menschen nicht das, was er für sich selbst vollbringt, sondern das, womit er einer Sache um ihretwillen dient bis zur eigenen Aufopferung. Die Welt ist nicht zu seinem Wohlbefinden da, sondern er ist dazu da, um in der Welt einen Sinn zu verwirklichen, der ohne sein Zutun fehlen würde.

Seinen Mitgeschöpfen ist der Mensch nicht zum Ausbeuter bestimmt, sondern zum Heger[15]. Seine Ausnahmestellung ruht nicht auf seiner überlegenen Macht, sondern auf seiner

[15] Diesen Gedanken enthält bereits der biblische Schöpfungsbericht, wonach Gott den Menschen in den Garten Eden setzte, „damit er ihn baute und bewahrte".

einzigartigen Gabe, durch uneigennützige Hege einzustehen für zweckfreies Gelten. Nur damit vermag der Mensch unter seinen Mitgeschöpfen etwas wirklich Erhebliches auszurichten, was ohne ihn unmöglich wäre.

Wenn der Mensch wirklich etwas vor den übrigen Lebewesen voraus hat, so ist das nicht die Fähigkeit, sie zu beherrschen und auszubeuten, sondern die Gabe, ihr Wesen verständnisvoller zu würdigen, ihr Leben tiefer zu empfinden und ihren Nöten besser abzuhelfen als sie selbst es vermögen.

Nur der Mensch kann eine Pflanze ohne Rücksicht auf ihre Nutzbarkeit einfach so, wie sie einmal da ist, schön finden. Nur er vermag es, ein anderes Lebewesen lediglich deshalb zu pflegen, weil es durch seine Pflege gedeiht und sich wohlfühlt. Was die scheinbar allmächtige Natur mit ihren gewaltigen Kräften und unerschöpflichen Mitteln niemals ausrichtet: auch nur ein einziges, durch Unfall hilflos gewordenes Geschöpf zu retten, das vollbringt der Mensch mit einem eigenen Opfer an Zeit und Mühe!

Durch solche Gesinnung und Haltung stellt der Mensch dem Naturgeschehen, das durch die endlose Kette von Ursache und Wirkung, Mittel und Zweck gekennzeichnet ist, ein anderes Vorgehen gegenüber: maßgabefreies („absolutes") Werten. Ohne ein Wesen, das hierzu bereit ist, bliebe die Welt mit ihrem Geschehen eine Ausgleich erheischende Halbheit, die auch durch alle Versuche, darüber hinweg- oder hinauszudenken, nicht sinnvoll würde. Auch wenn man an eine Höherentwicklung glaubt, muß es noch etwas anderes geben als dieses Verfahren der endlosen Wiedervernichtung alles Erreichten und Erwachsenen und diese Ausschüttung von Leiden, über die nun einmal nichts anderes festgestellt werden kann als ihre tatsächliche Unvermeidbarkeit[16].

Der Mensch, der hier versagt, verfehlt seine Sendung als geborener und berufener Wahrer des ungebundenen Wertes in der Welt der Zweckgebundenheiten. Er hat die Wahl, entweder die ständige Verbesserung des eigenen Lebens als sein letztes Ziel zu betrachten und sich zum höchstentwickelten „Übertier" emporzusteigern, oder aber hiermit nicht zufrieden zu sein und seine Gaben auch noch wirklich menschlich zu nutzen zu selbstlosem Dienst. Er steht vor der Entscheidung zwischen Zweck und zweckfreiem Sinn, Leben und Lebenswert, Zivilisation und Kultur. Die Fehl-

---

[16] Francé, „Ewiger Wald", S. 103 ff., und Guenther, „Natur als Offenbarung", S. 69 ff., schildern die ganze Grauenhaftigkeit des Leidens und Sterbens in der Welt, als ob sie dessen durch möglichst gründliches Ausmessen seiner Tiefe habhaft werden wollten. Ruge, „Die Melodie des Lebens", spricht vom „Widersinn des Lebens" (S. 28), seiner „furchtbaren Qual" und dem „Angstschrei der Kreaturen" und findet es „zunächst kein beglückendes Gefühl, Stufe zu sein", hält das aber zum Erreichen höherer Stufen für notwendig (S. 48). Über das Sichabfinden mit solcher Notwendigkeit hinaus geht eigentlich nur der Apostel Paulus (Röm. 8, 19—21), wenn er vom „ängstlichen Harren der Kreatur" schreibt und ihr Freiwerden „von dem Dienst des vergänglichen Wesens", also wenigstens eine künftige Erlösung, erwartet. Über eine gegenwärtige Lösung findet man nichts.

entscheidung aber bezeichnet kein Ausdruck so gut wie dieser: Unverzeihliche Sünde wider den Geist[17].

Das bedeutet nun allerdings nicht, daß man etwa den Versuch einer „Weltverbesserung" unternehmen sollte, durch die alles Leid aus der Welt zu entfernen wäre. Wohl steht jedem die Hoffnung frei, daß einmal irgendwie auch das Geschehen selbst eine weniger leidvolle Form annehmen, und daß vielleicht sogar unser Tun auch zu solcher Zukunft schon ein erster Beitrag sein könnte. Aber diese Hoffnung darf man nicht verwechseln mit unserer unmittelbar zu erfüllenden und durchaus klar zu erfassenden Gegenwartsaufgabe. Diese geht nicht dahin, das Geschehen selbst zu „verbessern", sondern dahin, ihm einen „Gegenpol" zu setzen und dadurch den Unwert, den eine nur von diesem Geschehen erfüllte Welt hätte, zu beseitigen. Daher darf es uns nicht beirren, daß unsere Hilfe nur einen kleinen Bruchteil aller leidenden Geschöpfe erreicht. Daß „es so etwas überhaupt gibt", nicht daß es allein herrscht, ist das Entscheidende[18]. Vollends sinnlos wäre es,

---

[17] Wenn France a.a.O. S. 90 meint, die Philosophen und Staatsmänner habe „stets nur der Wunsch" geleitet, „eine bessere Art des Lebens zu finden", so muß das bedauert werden. Ihr wahres Ziel war — und ist! — doch wohl nicht nur ein besseres Leben, sondern: Besseres als das Leben!

[18] Man soll aber auch die tatsächlichen Möglichkeiten hier nicht unterschätzen. Tier- und Naturschutz haben schon sehr viel Leid und Vernichtung verhütet. Als bemerkenswerte Beispiele seien erwähnt die Maßnahmen zum Schutz der Fledermäuse im Schloß zu Celle (Nachrichtenbl. f. Naturschutz, Jgg. 12, S. 95) und die Beförderung von Schwalben, die durch eine herbstliche Kältewelle überrascht wurden, mit dem Flugzeug über die Alpen.

unsererseits auf das Ausnutzen und Vernichten von Mitgeschöpfen verzichten zu wollen, soweit es für unser eigenes Leben erforderlich ist. Unser Leben ist keineswegs gleichgültig. Nur wer lebt, kann auch dienen und opfern, und darauf kommt es hier gerade an. Nicht unsere Armut, sondern unsere Spende bringt Sinn in die Welt! So hat es durchaus seine Ordnung, wenn ein Mensch, der von der Vernichtung vieler Tiere lebt, um eines Tieres willen sich selbstlos einsetzt. Wir sollen zwar den Zwang nicht ablehnen, der uns wie alle Lebewesen bindet. Aber wir brauchen deswegen weder an der Welt zu verzweifeln noch mit einer Erlösungshoffnung uns zu begnügen, sondern wir dürfen und sollen neben dem allgemeinen Zwang auch die Freiheit sehen, die wir allein haben. Sie befähigt uns, nicht anstelle, sondern außer der Sorge für Selbst- und Arterhaltung auch noch zweckfrei zu pflegen und zu hegen, wie es keinem anderen Lebewesen gegeben ist. Hier steht der Mensch an seinem Scheidewege.

*

Was hier über „den Menschen" gesagt wird, gilt nicht nur für die Einzelnen, sondern sinngemäß übertragen auch für ihre übergeordnete Einheit, das Volk. Gerade auch dem Volke selbst steht es zu, nicht nur das eigene Dasein weiter- und höherzutreiben, sondern auf der Grundlage des Daseins menschlich, die menschliche Sendung erfüllend, in der Welt zu wirken. Nicht Wohn- und Kaufhäuser bezeichnen die Kulturhöhe eines Volkes, sondern Bauten, die der Pflege zweckfreier Werte gewidmet sind, und derselbe Maßstab gilt auch für alles sonstige, womit ein Volk sich ein Denkmal setzen kann. In der Gesetzgebung gab das deutsche Volk ein Vorbild mit seinem Reichstierschutzgesetz vom 24. November 1933, und zwar nicht nur mit den einzelnen Vorschriften dieses Gesetzes, sondern vor allem auch mit dem offenen, amtlichen Bekenntnis zu seinem Geist. Die amtliche Begründung[19] nennt ausdrücklich die „hohe ethische Verpflichtung dem Tiere gegenüber", deren sich das deutsche Volk bewußt sei, und betont den Gedanken, „daß das Tier des Tieres wegen geschützt werden muß". So kann und soll auch das Volk als solches einstehen für zweckfreies Gelten. Der Einzelne aber soll nicht nur selbst „menschlich" wirken, sondern solches Wirken auch seinem Volke erschließen. Auch hier hat das Volk gegen ihn einen Anspruch.

[19] Deutscher Reichsanzeiger u. Preußischer Staatsanzeiger 1933, Nr. 281. Schon vorher wurden „die Pflichten des Menschen gegen das Tier" amtlich erwähnt im Erlaß vom 14. August 1933, Preuß. Ministerialblatt S. 277.

Vom besonderen Sinn des Baumdienstes

Jeder Baum ist heilig.
Lux[20].

Die grundsätzliche Aufgabe des Menschen, durch zweckfreies Werten die Welt mit Sinn zu erfüllen, ergibt für ihn die Pflicht, seine Mitgeschöpfe um ihrer selbst willen zu achten und zu hegen. Ein Baum aber ist für den Menschen nicht nur als Mitgeschöpf bedeutsam, sondern auch als Träger eines besonderen, ursprünglich-eigenen Wertes. Hieraus ergibt sich die einzigartige Bindung zwischen Baum und Mensch. Der „fremdwertende" Mensch ist berufen, dem Eigenwerte des Baumes einen Widerhall in der Welt zu geben. Der Mensch ermißt die Würde dieses „bevorzugten, erhöhten Einzelwesens", und das menschliche Hegen wird hier zur tätigen Verehrung, zum Weihedienst[21]. Solcher Dienst ist hier keine Erhöhung eines Geschöpfes durch den Menschen („Natur-

---

[20] „Baumpredigt", S. 2.

[21] Der Ausdruck „Baumkult" findet sich u. a. bei Lux a.a.O., sowie in meinem Aufsatz „Deutscher Baumkult", Ztschr. „Naturschutz", Jgg. 16, S. 44. Dem Sinne nach gleich: Schnack in: „Das kleine Baumbuch", S. 40, wo von „Baumverehrung" und „Baumheiligung, als das bevorzugte, erhöhte Einzelwesen dem Bewußtsein noch vertraut war", und S. 41, wo vom „Einzelwert" des Baumes gesprochen wird.

kult"), sondern die menschliche Antwort auf ursprüngliche Erhabenheit.

Wenn unsere Vorfahren Bäume als lebende Volksheiligtümer in Ehren hielten, so folgten sie dabei nicht einer kindlichen Vorstellung, sondern ihrem gesunden Gefühl für das wirklich Erhabene. Die Fällung der Donarseiche durch Winfried-Bonifatius war kein frommes Werk; denn sie verstieß gegen die Weihe des Baumes, die unabhängig war von einer vielleicht unzulänglichen, „heidnischen" Glaubenslehre der alten Hessen[22]. Baumverehrung ist nicht an eine solche Lehre gebunden, sondern schlechtweg fromm, wobei ich allerdings unter Frömmigkeit nicht die Besorgtheit um das eigene Heil oder die Furcht vor einer überlegenen Macht verstehe, sondern die Ehrfurcht vor dem Erhabenen und das Verantwortungsgefühl ihm gegenüber um seinetwillen. Mit jeder Lehre, die dies nicht verneint, ist Baumverehrung vereinbar.

Nun können wir zwar auch bei den Bäumen nicht unsere Zwangslage verleugnen, auf Kosten anderer Geschöpfe zu leben. Zu unserer Selbsterhaltung gehört nun einmal der Verbrauch von Nutzholz und das Freilegen von Acker- und Bauland. Aber diese Notwendigkeit ist kein Freibrief für vermeidbare Baumverletzung. Wer die Würde und Weihe eines Baumes erkannt hat, wird die Vernichtung eines

[22] Hier ist zu verweisen auf die Äußerung des Pfarrers Nack, „Was der Wald rauscht", über die „von fromm-frivoler Hand gefällten Donnereichen", aber auch auf die Berichte des Pfarrers Mader (siehe Schrifttumsnachweis) über sein baumverbundenes Denken und Handeln.

Baumes, die nicht aus zwingendem Grunde erfolgt, als das empfinden, was L u x[23] geradezu als „das Ungeheuerliche eines Mordes" bezeichnet. Er wird sich scheuen, außerhalb von Forstwirtschaft und Obstbau einen Baum wie eine beliebig verfügbare „Sache" zu behandeln, und er wird wissen, daß er sich auch schon dann versündigt, wenn er einen Baum vernachlässigt, ihn zu Schmuckzwecken da anpflanzt, wo er sich nicht frei entfalten kann, oder wenn er sonstigen Mißbrauch mit ihm treibt[24]. Er wird einem Baum zuliebe auch ein Opfer zu bringen wissen. Man braucht eine Lichtleitung nicht so zu legen, daß ihretwegen Bäume verstümmelt werden müßten. Selbst die Linienführung der „Reichsautobahn" ist schon geändert worden, um eine alte Eiche zu schonen[25]. Steht ein Baum einem Bauvorhaben im Wege, das sich nicht ändern läßt, so kann man ihn, auch noch in hohem Alter, verpflanzen. Auch dafür sind Beispiele vorhanden. Endlich aber bleibt auch das notwendige Fällen eines Baumes immer eine sehr ernste Angelegenheit; ein reizvolles Schauspiel oder eine Gelegenheit zu billigem Vergnügen ist es nicht. Mancher könnte da von den Oberpfälzer Holzfällern lernen, die einen Baum um Verzeihung bitten, bevor sie ihn schlagen[26].

Deutschland ist groß genug, um neben der forstlichen Nutzwirtschaft auch noch Bäume um ihrer selbst willen hegen zu

[23] a.a.O., S. 3.
[24] Vgl. „Naturschutz", Jgg. 16, S. 46.
[25] „Naturschutz", Jgg. 20, S. 71.
[26] „Naturschutz", Jgg. 14, S. 24 (S c h o e n i c h e n).

können[27]. Das, woran es ernstlich mangeln könnte, ist nicht der Platz, sondern der gute Wille. Überall bei uns können sich Eichen recken, Buchen wölben, Fichten emporbauen, ohne daß wir um ihren Standort geizen oder die Festmeterzahl ihrer Stämme berechnen müßten. Birkenschleierwehen und Lindenblühen, Kiefernlohen und Wacholdersinnen ist tausendfältig in unsere freien Hände gegeben. Wir müßten uns ja schon gewaltsam verschließen, wenn wir nicht sehen wollten, was uns da offensteht: Nicht nur schonende Zurückhaltung, sondern tätiger Dienst!

[27] Erhaltung einer schönen Einzeleiche am Rande eines Nutzholzbestandes: Feucht, „Der Wald und wir", S. 26.

Plan des Baumdienstes

Ich dien'.
König Johann von Böhmen.

Der Baumdienst zerfällt in Werk- und Lehrdienst. Im Werkdienst betreuen wir unmittelbar den einzelnen Baum. Im Lehrdienst erarbeiten und vermitteln wir das zugehörige Fachwissen und pflegen das baumverbundene Gedankengut.

Das Wichtigste ist der Werkdienst. Wer einem Baum eine Wunde heilt oder gegen menschliche Frevelabsicht für ihn eintritt, treibt allemal bessere Baumverehrung als jemand, der darüber nur redet und schreibt.

Im unmittelbaren Handanlegen, gewissermaßen dem „Frontdienst", bewährt sich sichtbar der Einsatz des Einzelnen[28]. Auch hier aber bedarf es des Zusammenschlusses. Die Macht der Gemeinschaft reicht weiter als die des Einzelnen, und Baumdienst ist Volkssache.

Eine besondere Aufgabe des Volkes selbst ist der Rechts-

---

[28] Ein besonders packendes Beispiel stärksten Einsatzes für einen Baum in Sturmnot zeigt Hausmann, „Die Föhre". Vorbildliches Eintreten für Bäume zeigen die Berichte von Mader a.a.O. Die Verbundenheit einer Pfarrerfamilie mit einem Baum und das mutige Eintreten für ihn gegenüber einem Fabrikbauvorhaben schildert Hesselbacher, „Die Birke und andere Geschichten".

schutz. Ihm ist es vorbehalten, als Teil des Naturschutzes oder auf eigenen, durch die allgemeinsittliche Bedeutung des Baumdienstes gewiesenen Wegen da einzugreifen, wo Einsicht oder guter Wille fehlt. Hier ist der wirtschaftlich beteiligte Einzelne kein ebenbürtiger Partner; seine Belange können nur so weit berücksichtigt werden, wie die Gesamtlage es dringend erfordert. Nachbarrechtliche Vorschriften, nach denen das Fällen oder Verstümmeln eines Baumes zulässig sein mag, erschöpfen nicht das Verhältnis zwischen Baum und Mensch, das auch ohne besondere Vorschriften nicht rechtlich unerheblich ist. Bäume sind ohne weiteres, nicht erst unter den besonderen Voraussetzungen des Naturschutzes, unverletzlich! Die nötigen Ausnahmen, besonders hinsichtlich derjenigen Bäume, die zum Zweck der wirtschaftlichen Nutzung in Forst, Obstgarten und Baumschule gehalten werden, lassen sich leicht erfassen.

Sachgemäße Baumhege erfordert als Grundlage einen geordneten Lehrdienst, in dem wir die Bedürfnisse unserer Bäume gründlich kennenlernen und weiter erforschen. Wer einen Baum pflegen will, muß wissen, wie er den Standort des Baumes zu beurteilen hat und verbessern kann, wie und womit er düngen, Wunden behandeln, Schädlinge fernhalten kann. Das alles ist nicht durchaus neu. Obstbau und Forstwirtschaft kennen gute Vorbeuge- und Heilmittel und haben zweckmäßige Geräte wie Düngelanzen, Zerstäubemaschinen und vieles mehr. Man hat schon Impfversuche unternommen und schädlingbekämpfende Mittel vom Flugzeug aus über ganze Bestände verbreitet. So könnten wir heute schon fast von einer

„Baumheilkunde" sprechen, wenn nicht das alles einseitig ausgerichtet wäre auf das Ziel des menschlichen Nutzens. Ebenso gut, und meist mit viel geringerem Aufwand, sind aber Mittel und Wege zu finden mit dem Ziel, einen Baum um seiner selbst willen zu erhalten.

Zum Lehrdienst gehört auch die Pflege des baumverbundenen Gedankengutes. Sie soll Klarheit verbreiten über die maßgabefreie Gültigkeit eines Baumes und die menschliche Pflicht zum Dienst am Maßgabefreien. Unser deutsches Schrifttum ist reich an Zeugnissen inniger Baumverbundenheit; sie sind zu sammeln und zu verbreiten, wobei aber auch der sichtende Blick für Unzulängliches nicht fehlen darf. Baumverbundenes Brauchtum ist zu erkunden und nach Möglichkeit neu zu beleben, künstlerisches Schaffen anzuregen und zu fördern.

Unserer Jugend muß baumkundliches Wissen geläufig und baumverbundene Sinnesart selbstverständlich sein! Hierfür zu sorgen, ist die besondere Pflicht aller, denen Kinder anvertraut sind. Es handelt sich da nicht so sehr um ein Lehren und erst recht nicht um einen Zwang, sondern um ein möglichst unmerkliches Leiten durch das eigene Beispiel und dadurch, daß man dem jungen Menschen Gelegenheit gibt, selbst einmal hinzugehen zu einem schönen Baum und dort, zunächst vielleicht nur aus kindlicher Neugier, zu erkunden, was es da zu sehen gibt. Das Weitere kann man dann schon dem Baum überlassen. Ein Eindruck in der Kindheit kann für das ganze spätere Leben entscheidend sein.

*

Vom Baumdienst untrennbar ist das eigene Baumerlebnis des Menschen. Der Mensch ist ja gerade das Wesen, bei dem die „atmende Musik" des Baumes anklingen kann und soll. Die Gemeinschaft kann hier schützend und fördernd walten. Der Standort eines schönen Baumes ist zugänglich zu machen und nötigenfalls so herzurichten, daß man ungestört und still bei dem Baume verweilen kann. Der Gedanke des „Haines" als einer zum Baumdienst befriedeten Stätte läßt sich leicht verwirklichen in unseren Baumgärten („Parken") mit ihren vielen, herrlichen Bäumen[29]. Besondere Aufmerksamkeit verdienen die natürlichen Parklandschaften mit ihren einsamen, frei entfalteten Bäumen. Eine Landschaft wie die Lüneburger Heide ist nicht nur Naturschutzgebiet und Erholungsraum, sondern eine völkische Weihestätte, deren Schutz eine sehr ernste Aufgabe für das Volk und für jeden Einzelnen ist.

Und nun ist ein Augenblick gekommen, in dem wir zuletzt auch einmal an uns selbst denken dürfen. Der Gang zu Bäumen ist ja nicht nur ein Weg der Pflicht, sondern auch, wie Schnack[30] uns bestätigt, „ein Weg der Liebe". Wer einmal still bei einem Baum verweilte, weiß das. Und wenn er mit offenem Auge und Herzen am Stamm emporschaute, weiß er auch, daß hier dem suchenden Menschengeiste eine zeitfreie Heimstatt bereitet ist.

---

[29] E. M. Arndt schrieb: „Sie müssen bleiben und sie müssen wieder geschaffen werden, die alten germanischen Haine." — Mitgeteilt von A. Thümer, 81. Dürerbundflugschrift (siehe Lux), S. 30.

[30] a.a.O. S. 38.

Baum und Mensch

Heimat ist, wo eine Wurzel faßt
fest um Felsen, tief in Erdengrund,
Heimat ist, wo Wipfel sich und Ast
ragend reckt in endlos lichtes Rund,

wo ein Leben, seinem Plane treu,
ganz und gut sich selber fügt und trägt
und im Weltenweben einsam frei
eignen Willens grüne Schwingen regt.

Ewig fruchtlos zwar bleibt dein Bemühn,
willst du wie ein Baum sein dir zum Heil;
doch durch Gaben, die nur dir verliehn,
ward dir dennoch hier dein göttlich Teil:

Daß du schauen kannst, was dir sich zeigt,
wie's im eignen Wesen heimisch ist,
fühlen, wie der Saft im Stamme steigt,
daß du deines Herzens Schlag vergißt,

lieben, was dir hier sich offenbart,
wie nur du in aller Welt es kannst:
Dies, du Menschenkind, schafft deiner Art
Heimat bei dem Baum, den Gott gepflanzt.

Schrifttumsnachweis

André, Hans: Der pflanzliche Formwechsel und speziell die Baumgestaltung im Lichte der biologischen Feldtheorie. Druck von R. Oldenbourg, München und Berlin 1932.

— und Müller, Armin, Dacqué, Edgar: Deutsche Naturanschauung als Deutung des Lebendigen. Verlag von R. Oldenbourg, München und Berlin 1935.

Barthelmeß, Alfred: Neues von den Reizbewegungen der Pflanze. „Aus der Natur", Jgg. 15, S. 377 ff.

Bölsche, Wilhelm: Naturgeheimnis. Verlegt bei Eugen Diederichs, Jena 1922.

Delff, Christian: Blick in die Natur. Wunder an Land und Strand. Verlag Broschek & Co., Hamburg 1940.

Detering, Alfred: Die Bedeutung der Eiche seit der Vorzeit. Verlag von Curt Kabitzsch, Leipzig 1939.

Fechner, Gustav Theodor: Nanna oder Über das Seelenleben der Pflanzen. 5. Auflage, herausgegeben von Kurd Laßwitz, Verlag von Leopold Voß, Leipzig 1921. Verkürzte Ausgabe von Max Fischer, Insel-Bücherei Nr. 345.

Feucht, Otto: Bäume in der Landschaft. Fünfundzwanzig Naturaufnahmen. Verlag Alexander Fischer, Tübingen 1922.

— Der Wald und wir. 1. Buch der Veröffentlichungen des Württembergischen Landesamts für Denkmalpflege. Verlag Silberburg GmbH., Stuttgart 1926.

— Ein Buch von der Schönheit des Baumes. Verlag von Strecker & Schröder in Stuttgart, 1929.

Flemes, Bernhard: Strom und Hügel. Ein Buch vom Weserbergland. Verlag von F. A. Lattmann, Goslar a. H. 1923.

Francé, Raoul H.: Ewiger Wald. Ein Buch für Wanderer. Verlag Richard Eckstein Nachf., Leipzig 1922.

Frieling, Heinrich: Harmonie und Rhythmus in Natur und Kunst. Verlag von R. Oldenbourg, München und Berlin 1937.

— Die Stimme der Landschaft. Begründung und Erläuterung der Tierstimme vom biologischen Standpunkt. Verlag wie vor, 1937.

Fritsche, Herbert: Tierseele und Schöpfungsgeheimnis. Rupert Verlag, Leipzig 1940.

Geddes: Patrick: Leben und Werk von Sir Jagadis C. Bose. Erlenbach, Zürich und Leipzig 1930.

Gradmann, Hans: Alte Bäume, die in mehrere zerfallen. „Aus der Heimat", Jgg. 48, S. 115 ff.

Guenther, Konrad: Natur als Offenbarung. Eine Quelle deutschen Christentums. Verlag von J. F. Steinkopf in Stuttgart, 1933.

Hausmann, Manfred: Die Föhre. S. Fischer Verlag, Berlin 1929.

Helmers, Menne Feiken: Sinnbilder alten Glaubens in ostfriesischer Volkskunst. Verlag Dunkmann, Aurich 1938.

Hesselbacher, Karl: Die Birke und andere Geschichten. Quell-Verlag, Stuttgart.

Jaedicke, Marie: Der Baum im Lied. Dichterworte, im Auftrage der Staatlichen Stelle für Naturdenkmalpflege gesammelt. Verlag von J. Neumann, Neudamm 1928.

Jost, Ludwig: Baum und Wald. Verlag von Julius Springer, Berlin 1936.

Klein, Ludwig: Bemerkenswerte Bäume im Großherzogtum Baden. Carl Winter's Universitätsbuchhandlung, Heidelberg 1908.

— Ästhetik der Baumgestalt. Karlsruhe 1914, Bibliothek der Technischen Hochschule.

Klose, Hans: Der unbekannte Naturschützer. „Naturschutz", Jgg. 20, S. 25.

Knust, Hermann: Weltanschauung und Naturschutz. „Naturschutz", Jgg. 16, S. 196 ff.

Lauffer, Hanns Bernhard: Der geöffnete Ring. Naturbetrachtungen. Verlag Franz Goerlich, Breslau.

Lux, Josef August: Baumpredigt. Dürer-Bund, 81. Flugschrift zur Ausdruckskultur, Georg D. W. Callwey, Verlag, München, 1911 und 1913, S. 1 ff.

Mader, W.: Die Tanne zu Öschingen. Dürer-Bund-Flugschrift wie bei Lux, S. 25. — Die Linde zu Eschenbach. a.a.O. S. 27. — Die Linde zu Pfedelbach a.a.O. S. 28.

Maler, Philipp Gottfried: Thomas am Zaune und seine Kumpanei. Ein Vogelbuch. Verlag Dietrich Reimer, Berlin 1936.

Merkl, Adolf: Der Schutz der deutschen Erde. „Naturschutzparke" 1938, S. 383 ff.

Meyer-Abich, Adolf: Ideen und Ideale der biologischen Erkenntnis. Beiträge zur Theorie und Geschichte der biologischen Ideologien. Verlag von Ambrosius Barth, Leipzig 1934 (Bios Bd. I).

Müller, Walter: Der Idealismus im Wirken des Forstmannes. Verlag von J. Neumann, Neudamm 1930.

Nack: Was der Wald rauscht. Köln, Selbstverlag o. J.

Nießen, J.: Ernst Moritz Arndt als Mahner zum Schutz der Natur. „Naturschutz", Jgg. 18, S. 242 ff.

Ruge, Werner: Die Melodie des Lebens. Ein Bildbuch aus der Zeit der Wende abendländischen Denkens. Verlag Philipp Reclam jun., Leipzig.

Schmalfuß, Hans: Stoff und Leben. Verlag von Ambrosius Barth, Leipzig 1937 (Bios Bd. VI).

Schmeil, Otto: Lehrbuch der Botanik. Verlag von Erwin Nägele in Leipzig, 1907.

— Lehrbuch der Zoologie. Verlag wie vor, 1908.

Schnack, Friedrich, in: Das kleine Baumbuch. Farbige Bilder von Willi Harwerth. Inselbücherei Nr. 316.

Schoenichen, Walther: Geleitwort zu Jaedicke, Der Baum im Lied (siehe dort).

— Der Baum als Sinnbild des Lebens. „Naturschutz", Jgg. 14, S. 24 ff.

Schrade, Hubert: Baum und Wald in Bildern deutscher Maler. 50 Bilder ausgewählt und beschrieben. Verlag Albert Langen/Georg Müller, München 1937.

Schrammen: F. R.: Kritische Analyse von G. Th. Fechners Werk „Nanna oder Über das Seelenleben der Pflanzen". Verhandlungen des naturhistorischen Vereins der preußischen Rheinlande, Westfalens und des Regierungsbezirks Osnabrück, 60. Jgg. 1903, S. 133 ff.

Stamm, A.: Mensch und Landschaft. „Naturschutz", Jgg. 17, S. 211 f.

v. Stockmayer, L.: Der Weg zum Naturschutzgesetz. „Naturschutzparke 1933, S. 257 ff.

v. Uexküll, J.: Die Lebenslehre. Müller & Kiepenheuer Verlag, Potsdam 1930, und Orell Füßli Verlag in Zürich.

— Bedeutungslehre. Verlag von Ambrosius Barth, Leipzig 1940 (Bios Bd. X).

Wagner, Adolf: Die Vernunft der Pflanze. Verlag von Carl Reißner, Dresden.

Wagner, Christian: Sonntagsgänge (Dichtungen 1. Band), herausgegeben von Wilhelm Rutz. Verlag von Adolf Bonz & Comp., Stuttgart 1927.

Weber, Werner, und Walther Schoenichen: Das Reichsnaturschutzgesetz vom 26. Juni 1935 (RGBl. I S. 821) und die Verordnung zur Durchführung des Reichsnaturschutzgesetzes vom 31. Oktober 1935 (RGBl. I S. 1275) nebst ergänzenden Bestimmungen und ausführlichen Erläuterungen. Hugo Bermühler Verlag, Berlin-Lichterfelde 1936.

Welk, Ehm: Die wundersame Freundschaft. Das Buch von Tier und Mensch. Mit Unterstützung von Dr. Walter Hofstaetter. Philipp Reclam jun., Verlag, Leipzig 1940.

Wenzl, Aloys: Metaphysik der Biologie von heute. Felix Meiner Verlag, Leipzig 1938.

Wiesemann, Chr.: Pflege und Ergänzung von Baumdenkmalen. „Naturschutz", Jgg. 16, S. 150 ff.

„Naturschutz", Monatshefte für Freunde der deutschen Heimat. Mit dem amtlichen „Nachrichtenblatt für Naturschutz". Herausgegeben von der Reichsstelle für Naturschutz. Verlag J. Neumann, Neudamm und Berlin.

„Naturschutzparke", Mitteilungen des Vereins Naturschutzpark e. V. Sitz Stuttgart in Stuttgart, Uhlandstr. 14 B.

Mitteilungen der Deutschen Dendrologischen Gesellschaft.

Jahresberichte des Naturwissenschaftlichen Vereins Hamburg-Altona e. V.

Bilder von Bäumen

Ich wüßte nicht, wie ich leben sollte, wenn ich nicht meine Bäume hätte.

Bismarck.

1 bis 3: Fichte südlich Hof Tiegen, Kreis Soltau, Lüneburger Heide. 1934.

4 und 5: Eibe in Hamburg-Othmarschen, Wrangelstraße (soll anläßlich des Elbbrückenbaus verpflanzt werden). 1938.

6: Kiefer zwischen Leitzingen und Wiedingen, westnordwestlich Soltau. 1936.

7: Kiefer unweit Nr. 6. 1936.

8: Stieleiche in Hamburg-Rissen, nördlich des Bahndamms Rissen—Sülldorf. 1939.

9: Birke hart westlich Kuhbachforst bei Soltau. 1937.

10 und 11: Buche an der Palmaille („Elbeblick") in Hamburg-Altona (wird u. U. verpflanzt). 1941 und 1939.

12: Wacholder westlich Kuhbachforst bei Soltau. 1937.

13: Wacholder nahe der Fichte Bild 1 bis 3.

Sämtliche Aufnahmen stammen von mir, mit Ausnahme des von Herrn Obersenatsrat Dr. Gutschow freundlich zur Verfügung gestellten Bildes Nr. 10.

Das Titelbild des Buches zeigt eine freistehende, große Fichte auf einer Felskante westlich oberhalb Davos-Dorf. Ein derartiger Standort, nicht mehr allzu weit unter der Baumgrenze und hoch über einem breiten Tal, erfordert größte Widerstandsfähigkeit und Kraft, sowie ein durch nichts beirrbares „Formstreben" (man beachte, wie die Wurzeln den gewaltigen Baumkörper über der vorgeschobenen Kante fast wie schwebend halten, und wie der Wipfel trotz seiner Teilung die Kegelgestalt einheitlich abschließt). Da entfaltete sich solch eine starke, einsame „Wettertanne" zu einer Gestalt, deren Eindruck unauslöschlich ist und persönlich erlebt werden muß. Ähnliches klingt auch durch in den nachstehenden Ausführungen von Klein[31], die ich wegen ihrer Bedeutung wörtlich wiedergebe:

„Unter Wettertannen verstehe ich . . . nicht, wie das in grober Verkennung des Begriffes heutzutage so häufig geschieht, eine alte . . . stark verwetterte Tanne, sondern einen alten, stattlichen Baum mit mächtiger, oft fast bis zum Boden reichender stark- und reichästiger, dichter Krone, . . . ein Bild unverwüstlicher, trotziger Kraft und nahezu unverwüstlicher Lebenszähigkeit. Diese Recken, die ungeachtet ihrer exponierten Lage jedem Unwetter Trotz bieten und meist seit Jahrhunderten Trotz geboten haben, unter denen oft eine ganze Viehherde Platz hat und die

[31] „Ästhetik der Baumgestalt", S. 21 f.

Mensch wie Tier gegen Sonnenbrand und alle Unbillen des Wetters zu schützen vermögen, heißen in der Schweiz bezeichnenderweise auch ‚Schirm-' oder ‚Schermtannen'. In ihrer Art bieten sie oft einen einzig schönen und malerischen Anblick ... Diese Prachtgestalten sind aber nur dann richtig zu verstehen, wenn man sie als das Resultat einer jahrhundertelang fortgesetzten Naturauslese, als das Resultat eines an exponierter Stelle geführten, unablässigen Kampfes gegen Wind und Wetter auffaßt. Es ist selbstverständlich, daß diejenigen Individuen, die unter solchen Umständen nicht bloß ausgehalten haben, sondern es zu hervorragenden Wuchsleistungen in quantitativer, wie qualitativer, wie ästhetischer Hinsicht gebracht haben, auch von Hause aus besonders kräftig organisierte und günstig veranlagte Bäume sein mußten, vor allem absolut sturmfest bewurzelt und hervorragend kräftig und üppig verzweigt. Die Weidfelder im Schwarzwald, der Schweiz, besonders die des Jura usw. waren ein idealer Standort für diese Schönheitsform, solange ... man die alten Bäume ihr Leben lang stehen ließ. Da konnten die aus natürlichem Samenanflug entstandenen jungen Weidfichten und -tannen noch zu richtigen Wettertannen erwachsen! Heute stellen sie leider einen auf dem Aussterbeetat stehenden Schönheitstyp dar."

Das Bild ist die Wiedergabe eines Gemäldes von Fräulein Studienrätin i. R. M. Wacker in Hamburg-Altona, gemalt 1934 nach einem alten Lichtbilde von mir aus dem Jahre 1907.

Bild 1

Bild 2

Bild 3

Bild 4

Bild 5

Bild 6

Bild 7

Bild 8

Bild 9

Bild 10

Bild 11

Bild 12

Bild 13

Heiliger Baum

Ragend Mal im Kreis der Jahre,
Bau, der selber sich erbaut,
Wächter, dem das ewig Wahre
in dem Trug der Zeit vertraut,

lebend Mal, darin die Ahnen
fromm geschaut, was ganz und gut,
birgst auch unser Tun und Planen,
heilger Baum, in deiner Hut.

FSC
www.fsc.org
MIX
Papier | Fördert
gute Waldnutzung
FSC® C083411

Zeitfracht Medien GmbH
Ferdinand-Jühlke-Straße 7
99095 Erfurt, Deutschland
produktsicherheit@kolibri360.de